AF457268

ÉTUDE SUR L'ÉTAT DE L'AGRICULTURE

au Tonkin

ET SUR LES MOYENS A EMPLOYER

pour assurer

SON DÉVELOPPEMENT RATIONNEL ET PROGRESSIF

par Eugène Duchemin
Directeur de la ferme école de Phu-doan

Juin 1891

Imp. F.-H. Schneider. — Haiphong.

Hommage de l'auteur

Duchemin

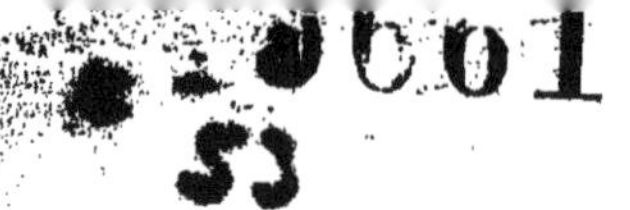

ÉTUDE SUR L'ÉTAT DE L'AGRICULTURE

au Tonkin

ET SUR LES MOYENS A EMPLOYER

Pour assurer

son développement rationnel et progressif

par Eugène Duchemin

Directeur de la ferme école de Phu-doan

Juin 1891

Imp. F.-H. Schneider. — Haiphong.

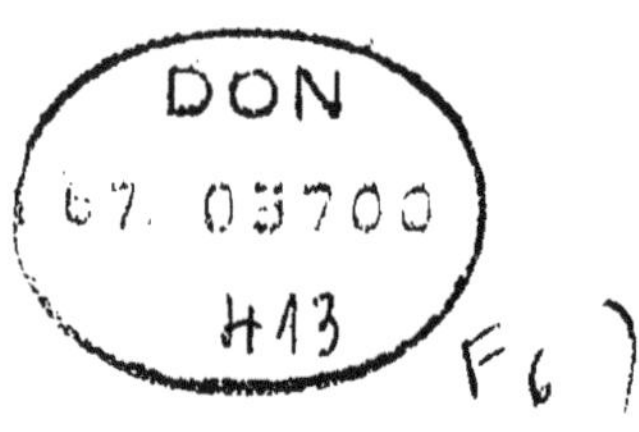

PREMIÈRE PARTIE

Le Tonkin se trouve physiquement partagé en deux régions qui forment, au point de vue agricole, deux pays bien distincts : D'une part le Delta, constitué d'apports alluvionnaires, plat, boueux, vaseux même une partie de l'année, et que l'Européen aurait très probablement laissé ce qu'il a dû être tout d'abord, un vaste marais exhalant la fièvre.

Les aptitudes spéciales du peuple annamite ont su, au contraire, le couvrir de fort belles cultures qui, en temps normal, fournissent et bien au-delà, les moyens de subsistance à une population très-dense.

D'autre part les régions montagneuses peu habitées, peu cultivées, l'enserrant au Nord, à l'Est et à l'Ouest, formées de mamelons, de collines d'une certaine élévation, de hautes montagnes aux vallées généralement fort étroites.

Nous nous trouvons ainsi, à l'entrée par mer de notre possession, rencontrer une population d'une dizaine de millions d'habitants, occupant le sol sur une profondeur de 180 kilomètres à peine du Sud au Nord ; puis, entre les derniers villages du Delta et nos frontières du Nord, que les événements nous ont amenés à occuper militairement, une nouvelle profondeur de 300 kilomètres ne comprenant que de petits groupes d'habitations à de rares intervalles.

Devons-nous attendre de la seule progression des races indigènes la mise en valeur de ces terrains?

Ce n'est pas possible, car l'Annamite du Delta quitte difficilement, *d'une manière définitive*, son enceinte de bambous, où il s'ingénie de mille manières pour vivre.

En ce qui concerne les montagnards, ils sont si peu nombreux, eu égard aux espaces à défricher, et surtout si peu travailleurs, que plusieurs générations passeraient avant que l'on arrivât à un résultat appréciable.

On pourrait sans doute attirer l'élément chinois. Avant notre intervention dans ce pays, les rives des principaux cours d'eau et de leurs affluents étaient, dans la région supérieure, garnies de villages chinois et les difficultés que nous éprouvons à refouler les pirates de cette race prouvent bien que nous n'aurions pas de peine en cela.

Mais, étant données les conditions spéciales dans lesquelles le Tonkin a vécu par rapport à la Chine ne pourrions-nous craindre, à un moment donné de voir contrebalancer notre influence, ou naître de sérieux troubles à l'intérieur, le jour où les dix où douze millions d'hectares disponibles auraient été accaparés par le flot chinois?

Ce sont là des questions complexes, mais elles témoignent de ce que si, en principe, nous ne devons repousser aucun élément asiatique susceptible d'accroitre la richesse publique du Tonkin, notre établissement en pays peuplé, en pays voisin du grand empire chinois, son ex-suzerain, commande de favoriser le développement de la colonisation française.

Nous allons donc étudier:

A — La situation actuelle de l'agriculture indigène ;

B — Les moyens de la faire progresser;

C — Les conditions dans lesquelles se présente la colonisation agricole au Tonkin;

D — Les moyens à employer pour assurer son développement rationnel et progressif.

SITUATION ACTUELLE
de l'agriculture indigène

1° Dans le Delta. — En dehors du riz, le cultivateur du Delta produit sur une vaste échelle les arachides, le sésame, la canne à sucre, le coton, les patates, et les surfaces plantées en mûriers nains pour l'élevage des vers à soie, sont considérables.

Il élève des buffles, peu de bœufs, des volailles et de nombreux porcs. Il en exporte même plusieurs centaines par semaine sur Hong-kong,

L'Annamite est soigneux de ses cultures; il sait leur donner du coup d'œil, les tenir fort propres et obtenir, avec des moyens tout à fait insuffisants, des résultats appréciables

L'Annamite est depuis de longs siècles un peuple essentiellement agriculteur. — Pourtant et bien que cette profession soit, à juste titre, considérée comme celle qui développe le plus les habitudes de prévoyance et d'épargne d'un peuple, il ne semble encore avoir acquis qu'à un bien faible degré ces deux éminentes qualités.

Celà parait tenir à toute une série de causes dont les principales seraient: L'état de trouble dans lequel les villages ont longtemps vécu et surtout l'existence de digues enserrant tout le Delta en vue d'empêcher la pénétration des eaux sur les rizières à la saison des pluies.

Les personnes étrangères à ce pays et qui suivent depuis quelques années la lecture des journaux locaux, doivent trouver que la famine revient au Tonkin avec une périodicité désolante.

Les digues seules en sont la cause.

Chaque année une ou plusieurs digues se rompent. Or, comme elles sont destinées à préserver les grandes provinces productrices de riz:

Sontay, Hanoi, Nam-dinh, Bac-ninh, Haidzuong, toute rupture, en noyant les rizières comprises dans la cuvette envahie, y compromet tout au moins la récolte du dixième mois, si elle ne la perd complètement.

Voilà pour l'été.

Dans la saison sèche, l'inverse se produit:

Les digues rendent extrêmement pénible et coûteux l'apport de l'eau sur les rizières, et encore cet apport ne saurait-il se faire que dans le voisinage immédiat des cours d'eau. (1)

Et c'est ainsi qu'en 1888, 1889 et 1890, en ce pays, l'un des mieux arrosés du monde, nous avons vu la disette apparaitre dans toute son horreur uniquement parce que l'on n'avait pu, faute d'eau, repiquer le riz pour la récolte du cinquième mois.

Er août 1886, Mgr. Puginier, s'appuyant sur sa longue expérience de ce pays et sur l'opinion de nombreux mandarins, proposait, à une séance du comité d'Etudes, présidée par M Paul Bert, de raser les digues et de laisser

(1) Les digues étant la plupart du temps construites à quelques centaines de mètres des cours-d'eau, les parties comprises entre elles et les berges sont seules colmatées aux hautes eaux. Il s'en suit que leur niveau est de 4 à 6 mètres plus élevé que celui de la plaine. Cette différence atteint de 6 à 9 mètres pour le niveau des fleuves à la saison sèche. De là l'impossibilité de mettre l'eau sur les rizières en cette saison, avec les seuls moyens dont disposent les indigénes, et par suite de repiquer le riz, si une longue période sans pluie, entre septembre et janvier, amène l'assèchement des mares aménagées à cet effet dans la plaine.

l'eau, dont des travaux régulariseraient le cours, se répandre en nappes sur toute l'étendue du Delta dans la saison des pluies.

Il expliquait que quelque solides que fussent les digües elles seraient toujours détruites par le travail des fourmis qui, creusant des galeries sous des étendues considérables, permettent les affouillements et la rupture des chaussées.

En 1887, M. Janet, ingénieur des constructions navales, reprenant dans le bulletin du comité d'Etudes la question au point de vue technique, calculait que le fleuve Rouge et les divers arroyos du Tonkin conduisaient annuellement vers la mer plusieurs milliards de mètres cubes d'excellentes terres, lesquels, si les innondations étaient réglées, pourraient colmater chaque année environ un million d'hectares du territoire du Delta, et les rendre propre à toutes les cultures.

Moyens d'améliorer l'Agriculture dans le Delta

Le territoire du Delta, occupé et endigué au fur et à mesure de sa formation, se trouve être presqu'au même niveau que les cours d'eau.

En temps normal, il est donc fort mal égoutté aussi ne prête-t-il qu'à un nombre fort limité de cultures, dont le riz est la base.

Toutes ces cultures sont pauvres. Les cultures riches, telles que le ricin, la canne à sucre, etc;

ne donnent qu'un rendement insuffisant, sauf le cas où elles reposent sur de nouvelles alluvions, le sol étant surmené, eu égard aux fumures employées.

Nous devons tendre à améliorer les cultures existantes et à introduire de nouvelles cultures riches, le tout en vue d'augmenter le bien-être de l'indigène, et par là sa faculté d'achat de nos produits.

Pour cela il faut:

1° Transformer l'endiguement du Delta selon les données de la science hydraulique. — On supprimera ainsi l'incertitude dans laquelle vivent les indigènes, soit qu'ils redoutent la rupture des digues, soit qu'ils craignent une sécheresse prolongée.

En permettant le colmatage naturel des terres, on exhaussera leur niveau au point de les rendre, comme le disait si judicieusement M. l'ingénieur Janet, propres à toutes les cultures.

On laissera disponibles pour les travaux agricoles, des dizaines de milliers d'Annamites, réquisitionnés chaque année pour l'entretien et la réparation des digues, très souvent à l'époque où la préparation des rizières exigerait impérieusement le concours de tous les travailleurs.

Enfin, on clora la série des mécomptes éprouvés de ce chef par le Protectorat. Non seulement il n'est guère possible de réclamer tout l'impôt à des villages qui ont eu leurs récoltes perdues, mais il est encore presque toujours nécessaire de faire distribuer des secours d'où, nouvelles charges pour le budget.

2° Convaincre l'indigène de ce que ses fumures sont insuffisantes.

On a écrit que l'Annamite fumait beaucoup ses terres, et cela parce qu'on lui voit employer quelque peu l'engrais humain. C'est tout au moins exagéré. L'Annamite fume beaucoup ses terres, par rapport aux éléments dont il dispose, mais il les fume d'une manière tout à fait insuffisante, si l'on considère l'intensité de ses cultures.

En France, où l'on pratique si peu la culture intensive, où pendant près de six mois les rigueurs des saisons condamnent la terre au repos, où presque toutes les pailles sont converties en litière pour le couchage du nombreux bétail qu'on y entretient, (1) le déficit entre les éléments enlevés au sol et les fumiers produits est considérable.

D'une conférence sur le blé, faite le 20 septembre 1888, à Paris, au congrés commercial des grains et farines, par M. Grandeau, direc-

(1) Existant en France en 1888 :

Espèces :			
	Chevaline...	2.891.819	Extrait du Bulletin officiel du Ministère de l'Agriculture N° 7 1889
	Mulassière...	230.338	
	Asine.......	375.301	
	Bovine.....	13.37.7368	
	Ovine......	22.630.620	
	Porcine....	5.846.578	
	Caprine....	1.545.580	

teur de la station agronomique de l'Est, l'un des maîtres les plus estimés de la science agronomique, j'extrais ce qui suit:

« Si l'on rapproche la composition des récol- « tes de celle des fumiers produits, voici le « résultat auquel on arrive : (je l'exprime en tonnes métriques)

« Les récoltes françaises ont exporté en 1882 « (1) en nombres ronds :

« En azote .... 600.000 tonnes.
« En acide phosphorique 300.000 — .
« En potasse........... 755.000 — .

« Je me borne à indiquer ces trois éléments « fondamentaux de la fertilité, les autres ayant « beaucoup moins d'intérêt, attendu que le cul- « tivateur n'a presque jamais à s'occuper de « leur restitution, sauf pour la chaux en cas « de chaulage.

« La quantité de fumier produite annuelle- « ment, contient :

« 326.000 tonnes d'azote ;
« 151.000 — d'acide phosphorique ;
« 378.000 — de potasse.

« Si vous soustrayez ces nombres des pre- « miers, vous voyez qu'il y a un déficit énorme « dans nos fumiers pour l'année 1882, déficit

(1) La publication de la grande et nouvelle statistique agricole du ministère de l'Agriculture s'arrêtait alors à 1882.

« qui se reproduira pour toutes les autres « années et qui atteint :

« 274.000 tonnes pour l'azote ;
« 149.000 — pour l'acide phosphorique;
« 377.000 — pour la potasse. »

Si l'on considère que toutes les cultures annamites (autre que le riz) ricin, arachides, sésame, maïs, patates, canne à sucre, sont des cultures épuisantes ; qu'aux mêmes terres on demande annuellement deux récoltes, parfois trois; l'énorme différence qui doit exister entre la quantité de fumiers produite annuellement, et la somme d'éléments enlevés par les récoltes, on demeure convaincu que ce sol fournirait de merveilleux rendements, si on le fumait judicieusement.

Or, le cultivateur indigène possède, à pied d'œuvre pour ainsi dire, une source inépuisable d'engrais de haute valeur : je veux parler de l'engrais de poisson, dont il ne serait pas fait usage, d'après tous les renseignements recueillis jusqu'ici: Après avoir extrait le Nuoc-mam on jetterait le tourteau. — Ce tourteau est au contraire l'objet de transactions considérables à Terre-Neuve, en Norwège et au Japon.

Voici quelques indications relatives à la fabrication et à l'emploi des sous-produits de la pêche chez notre actif voisin du Nord-Est :

« La grande industrie de la pêche n'est pas « restée stationnaire au Japon ; elle tend à se « développer rapidement, bien qu'elle soit déjà

« des plus prospères, M.-K. Ito, l'estime en « effet, annuellement à 175 millions de francs « et compte environ 1.654.000 hommes engagés « dans l'industrie des pêches. »

Les Japonais se sont emparés de tous les perfectionnements apportés à la pêche par les Européens et par les Américains.

« Nous pourrions, écrit M. Vemys-Fulton, « prendre des leçons des Japonais pour l'écono- « mie scrupuleuse, qu'ils apportent à ce que « les produits de la pêche puissent être em- « ployés à un usage ou à un autre. — La tête, « les os, les branchies, sont séchés et utilisés « comme engrais, et l'on a dernièrement fondé « de grands établissements qui font de l'huile « et du guano de poisson. »

« Dans la partie Nord-Est de l'île de Yesso, « la quantité de résidus de poissons séchés « s'élève annuellement à *90.000 tonnes* !

« Le Japon avait exposé à Barcelone quel- « ques-uns des sous-produits, dérivés de la « pêche, tels que les huiles et cires de poisson « et de cétacés, colle de poisson, ainsi que di- « vers produits que l'on peut obtenir avec ces « substances. (1)........................ »

Le Tonkin, qui possède, ainsi que l'Annam, des pêcheries maritimes immenses, de nombreux cours d'eau très-poissonneux, une population dense et fort habile de pêcheurs, pourrait sans doute entrer dans cette voie.

---

(1) Rapport sur la pêche à l'exposition de Barcelone par Dr E. Sauvage, directeur de la Station agricole de Boulogne S. Mer.

(*Bulletin officiel* du ministère de l'Agriculture n° 3 de 1889)

Les cultivateurs trouveraient là de grandes facilités de se procurer un engrais actif, peu encombrant, toujours abondant, qui leur permettrait, la question des digues étant résolue, d'améliorer le rendement et la qualité de leurs récoltes et d'essayer avec profit le coton à longue soie, les variétés de canne à sucre plus exigeantes que celles de race indigène, d'augmenter les espaces cultivés en oléagineuses, etc...

Ces mesures seraient complétées par la distribution de graines et de plants, par l'organisation de concours, en vue d'encourager la culture du riz pour l'exportation en Europe et les cultures industrielles. Ces concours seraient suivis de distributions de récompenses accordées aux cultivateurs les plus méritants, comme bonne tenue de ferme, et nous arriverions ainsi, peu à peu, à augmenter le bien être de l'indigène, c'est à dire sa faculté d'achat de nos produits, presque nulle aujourd'hui.

L'agriculture dans la haute région

Les vastes espaces libres de la Région accidentée du Tonkin constituant le domaine réservé au colon européen la constatation des cultures qu'on y obtient aujourd'hui, si peu important que soit leur développement, présente pourtant un gros intérêt.

En dehors du riz de montagne et de rizières, du maïs et des légumes annamites, presque tous les villages cultivent les arachides, le sésame, le ricin, le manioc, l'arbre à thé, l'arbre à papier, quelquefois l'arbre à laque et, dans la zone frontière, le pavot à opium, l'indigo, le tabac, le coton.

Les rendements sont beaux et la qualité est estimée. Pourtant il n'existe aucun mouvement d'échange sérieux de ces produits.

C'est que les Muongs, de même que les Annamites accidentellement installés au pied des montagnes, travaillent fort peu et ne plantent que juste ce qui est nécessaire à leurs besoins immédiats. Ils se procurent le bien-être au moyen des nombreuses productions naturelles de leur région : graines oléagineuses du garcinia, bois, bambous, cardamones, cunao, que les marchands de Son-tay, d'Hanoi, et surtout de Nam-dinh viennent leur acheter contre du sel, de la soie, des cotonnades, de l'eau-de-vie de riz, du poisson séché etc.

Mesure à prendre pour le développement des cultures.

Dans la Haute Région, la terre n'est pas surmenée comme dans le Delta, chaque cultivateur ayant à sa dispositisn des espaces plus vastes et les rizières, trop sèches ou trop mouillées, selon leur nature et la saison, ne pouvant en général produire qu'une fois par an.

On ne craint pas non plus les ravages causés par la rupture des digues, celles-ci n'existant pas.

Si le cultivateur ensemence, il est sûr de récolter, sauf le cas de force majeure.

Nous n'avons à combattre que l'état d'esprit particulier des habitants: ils sont, à l'occasion, susceptibles de grands efforts, mais ils n'ont pas, comme ceux du Delta, l'habitude d'un travail quotidien et régulier.

Pendant longtemps encore, notre rôle devra se borner à leur distribuer des semences de coton et de tabac, des plants de café et de cacao; des boutures de poivre, en leur indiquant la manière de les planter, de les soigner et le revenu qu'ils en peuvent attendre.

Les progrès de la pacification et ceux surtout de la colonisation, amèneront tout naturellement une activité plus grande dans la haute région.

les montagnards, à qui les défrichements enlèveront peu à peu les ressources naturelles de la forêt, en grande partie cause de leur apathie actuelle, ne resteront certainement pas inaccessibles aux sollicitations qui leur seront faites de se créer des revenus importants par la plantation, et nous trouverons ainsi, *sans rien brusquer, ce qui serait dangereux*, un appoint sérieux de produits pour nos industries locales et pour l'exportation.

IIE PARTIE

La Colonisation agricole du Tonkin

Avant de chercher quel est le genre de colons agriculteurs qui convient le mieux au Tonkin, il paraît indispensable d'indiquer d'une façon précise, quelles sont les conditions exactes que les colons français rencontreront en ce pays sous le rapport :

1° Du climat ;

2° Du degré de fertilité du sol ;

3° De la main-d'œuvre ;

4° Des moyens de transport à l'intérieur ;

5° Des débouchés offerts aux produits tant sur place qu'à l'extérieur ;

6° Du régime de la Propriété.

Résumant ensuite ces conditions toutes locales et les comparant avec celles offertes au colon dans les colonies étrangères voisines, et avec l'organisation qu'on a dû y donner aux exploitations, nous trouverons tout naturellement, quels sont les colons que l'on doit attirer au Tonkin, en vue d'y assurer le succès rapide de la colonisation.

Climat

Au point de vue du climat, l'année au Tonkin se divise en quatre périodes :

1° *Du Têt (renouvellement de l'année lunaire) à la fin de Mars.*

Température variant entre + 12° et + 22°, descendant parfois à 6° *au dessus* de zéro. Période de brume, de petites pluies, température extrêmement favorable pour toutes les cultures.

2° *D'Avril à la fin de Mai.* — Température de transition, journées tantôt sèches, tantôt humides, + 15° et + 30° centigrades, maximum rarement atteint ; chaleur très-supportable.

Les légumes et beaucoup de plantes continuent leur développement qu'ils achèveront avec cette saison.

3° *De Juin à la fin d'Août.* — Saison chaude, temps orageux, grandes pluies. La température ne descend qu'exceptionnellement au dessous de + 25° centigrades, avec un maximum de + 36°. La différence de température, entre le jour et la nuit, est presque insensible (il n'y a plus que des soins, binages, buttages, à donner aux cultures industrielles). Les indigènes terminent la 1re récolte de riz, plantent pour la récolte du dixième mois et les montagnards couvrent de riz de montagne les collines nouvellement défrichées.

4° *De Septembre au Têt.* — Saison sèche. — Les soirées et les matinées sont délicieuses, le milieu du jour est encore très chaud, du moins jusqu'au 15 novembre. — A partir du 15 septembre on peut ensemencer, avec certitude de succès, tous nos légumes d'Europe, pommes de terre, choux, haricots, épinards, salades, carottes etc.

En résumé, quatre périodes ou saisons plus ou moins bien tranchées suivant les années, avec une température minima, ne s'abaissant jamais au-dessous de + 6° ou + 7° centigrades, et trois saisons permettant d'effectuer, avec certitude de succès, les riches plantations de thé, de café, de tabac, de cacao, de poivre et de canne à sucre, en même t mps que les cultures industrielles à rendements rapides, coton, ricin, sésame, arachides et autres oléagineuses.

Nature et degré de fertilité du sol.

Le sol de la région du Tonkin, disponible pour le colon Européen, est de nature argilo-calcaire, ou argilo-siliceuse. La profondeur courante de la couche végétale atteint 0 m. 30 à 0 m. 40 et dans certaines parties privilégiées 0 m. 80, 0 m. 90 et même un mètre. Le sous-sol, partout ailleurs que dans les vallons convertis en rizières, dans les endroits habités, est perméable.

Tres-peu de terres légères, presque partout des terres franches, quelques terres fortes.

Si le sol a été autrefois occupé et mis en valeur, les roseaux, les zaccharums sauvages, le chiendent, le tout atteignant une hauteur de 2 à 5 mètres, le garnissent.

Le plus fréquement, lorsqu'il n'a pas été ensemencé, ce sont des taillis parsemés de grands arbres et de bambous.

Comme toutes les terres vierges ou depuis longtemps incultes, elles sont fort riches en humus par suite de l'accumulation des débris d'une végétation luxuriante.

Les deux grands éléments naturels de la fertilité, le soleil et l'eau, nous sont, en outre, très libéralement dispensés.

Le soleil féconde la terre de ses rayons chauds pendant six à sept mois, très-chauds ou ardents le reste de l'année ; l'eau, répandue à profusion, est partout utilisable sous mille formes.

De la main-d'œuvre

Les indigènes, dans la région montagneuse que j'habite, payent un bon domestique, engagé à l'année, de la façon suivante :

La nourriture évaluée à 0^{l}.2 tiens par jour.

65 2 = 730 tiens ou ligatures:	73 —
2 grands cai-ao (blouses) à 5 lig. l'une	10 —
2 chemises (ao lot) à 2 lig. —	4 —
4 pantalons (cai-quan) à 3 lig. —	8 —
1 ceinture (dai) à 3 lig. —	3 —
1 turban (khan) à 3 ligatures. —	3 —
une solde de 40 ligatures............	40 —
	Total 141 lig.

Soit, à raison de 7 ligatures pour une piastre, 20 piastres, et à raison de 4 fr. la piastre 80 francs.

Sous le rapport de la nourriture et du vêtement, les femmes ont les mêmes avantages, mais comme solde, elles ne reçoivent que de 15 à 25 ligatures.

Les planteurs européens doivent payer leurs coolies de une piastre par semaine à une piastre tous les 5 ou 6 jours, soit 4, 5 ou 6 piastres par mois.

Malgré ces salaires élevés, comparés à ceux servis par les indigènes, le recrutement des travailleurs ne laisse pas que d'être difficile dans la région montagneuse, peu peuplée ainsi que nous l'avons vu.

Le Delta contient une réserve inépuisable de coolies intelligents habiles et susceptibles de se plier à toutes les exigences. Mais pour que nous puissions les utiliser et avoir au point de vue de la main d'œuvre la sécurité si indispensable en agriculture, il importe qu'une bonne réglementation soit donnée sans quoi l'organisation sociale des annamites, qui peut être admirablement adaptée à nos besoins, nous occasionnerait au contraire les plus graves ennuis si nous voulions agir comme en France et nous en rapporter au temps du soin d'établir le grand courant de l'offre et de la demande.

On sait en effet, que les habitants de chaque commune annamite sont divisés en deux catégories ; les *inscrits et les non inscrits*. Ces derniers ne payent pas la contribution personnelle leurs noms ne figurent pas sur les registres des impôts, ils ne peuvent prendre part à la gestion des affaires communales, mais ce sont eux qui satisfont, sous la responsabilité pécuniaire des inscrits, à diverses obligations telles que prestations, corvées, services militaires etc. — En revanche, les non inscrits sont secourus en cas de maladie ou d'infirmités par les soins du village.

On a souvent dit que la condition faite au non-inscrit était une sorte de servage. S'il y a servage, il est fort doux, car les rapports entre maîtres et serviteurs sont très bienveillants d'une part et respectueux de l'autre.

Avant notre intervention dans les affaires de ce pays, inscrits ou non inscrits n'avaient pas le droit de quitter leur village sans autorisation et des lois sévères interdisent encore l'émigration.

Personne ne pouvait non plus circuler sans un *laissez passer* délivré par les autorités compétentes ce qui rendait singulièrement facile le service de police communale.

Cette entrave à la circulation nous a paru barbare oubliant qu'aujourd'hui même en France, principalement dans nos campagnes, la gendarmerie a le droit de demander les papiers à tout individu étranger à la commune et de le mettre en état d'arrestation pour vagabondage s'il ne peut en présenter ou justifier de son identité, nous avons toléré la liberté complète de circulation. On peut attribuer à cette cause la plupart des faits de piraterie que l'on signale, la police communale étant impuissante à s'exercer dans de telles conditions et les maraudeurs ayant, au contraire, toutes facilités de se rassembler.

— D'une manière générale nos travailleurs indigènes et même nos boys se sont échappés de leur village attirés qn'ils étaient par l'appât des salaires élevés que nous servons, nous ne savons qui ils sont, ni d'où ils viennent — se rendent-ils coupables d'un délit nous ne pouvons que rarement le retrouver — si nous les congédions et qu'ils restent sans travail, ne pouvant rentrer dans leur village ils deviennent pour les chefs de bande des auxiliaires faciles à recruter — disons enfin que les coolies habitués chez eux à vivre dans la dépendance d'une famille aisée, sans souci du lendemain, sont tout à fait imprévoyants, dès qu'ils ont touché leur solde ils la dépensent; d'autres considèrent, 4 ou 5 piastres comme une fortune nous quittent le jour de la paye sans qu'aucune considération puisse les retenir.

Si une telle situation devait se prolonger il faudrait prendre immédiatement des mesures pour importer des coolies Chinois ou renoncer à la colonisation agricole.

Nous n'en sommes heureusement pas réduits à de telles extrémités pour bénéficier de tous les avantages que nous offre l'organisation sociale annamite, il suffit de nous montrer respectueux de la tradition et de la justice.

De la tradition en fortifiant les pouvoirs des communes et en leur rendant les droits que la loi annamite leur confère sur tous leurs administrés; *de la justice*, car il n'est pas prouvé, au contraire, qu'en invitant les indigènes à rompre toutes relations avec leur village pour venir travailler chez nous, nous ne lèsons par des droits acquis.

Nous demanderons en conséquence la création d'un service de recrutement de coolies dans chaque résidence, le résident se ferait fournir par les chefs de canton le nombre de coolies qui désireraient travailler chez nous les conditions seraient bien déterminées d'avance et les villages seraient intéressés au travail de leurs administrés par une attribution de 1/4 ou 1/5e de la solde des travailleurs qui serait consentie à leur profit par le planteur. — Il ne s'agit nullement de main-d'œuvre servile. Nous ne forcerions pas les coolies à venir travailler chez nous.

Mais, par des primes, nous engagerions leurs tuteurs naturels, les notables de village, à nous assurer une bonne main-d'œuvre.

Ces primes seraient versées mensuellement à la Résidence, qui les allouerait en fin de trimestre à chacun des villages intéressés, sous réserve des retenues qu'il y aurait lieu d'opérer au cas où un ou plusieurs coolies auraient déserté et n'auraient pu être remplacés.

Si ce système paraissait bureaucratique à quelques personnes, nous les engagerions à étudier dans l'ouvrage de M. de Lanessan: *L'Expansion coloniale de la France*, page 798 et suivantes les services que l'on a dû organiser, le sacrifice qu'il a fallu consentir, pour assurer à nos colonies la main-d'œuvre que la suppression brusque de l'esclavage leur avait fait perdre — et elles verraient, que non seulement notre projet est très simple, mais encore que nous nous trouvons au Tonkin dans des conditions exceptionnellement favorables sous le rapport de la main d'œuvre indigène, qui est adroite et susceptible, sous la direction d'Européens, de se livrer à toute culture, de même que l'on peut assurer qu'elle ne fera pas défaut si au lieu d'aller comme aujourd'hui à l'encontre des intérêts des villages, nous faisons des autorités communales nos plus dévoués collaborateurs.

Des moyens de transport à l'intérieur.

Les grandes surfaces immédiatement disponibles pour la colonisation entre Quang-yen et Mon-cay; entre la mer et Cao-bang; toute la région de Tai-nguyen; le bassin du fleuve Rouge et de ses affluents secondaires; de la Rivière Claire et de ses affluents; de la Rivière Noire et de ses affluents; soit de dix à douze millions d'hectares, sont situés à peu de distance d'une voie navigable, tout au moins par sampan, presque toujours par de grosses jonques, souvent par des chaloupes.

Mais il paraît rationnel que la colonisation demande d'abord les terres dont l'exploitation présente le plus d'avantages.

1° sur le fleuve Rouge, de Bac-hat à Yen-bay 120 kilomètres à vol d'oiseau... 120.
2° de l'embouchure de la Rivière-Noire à Cho-bo .... 110.
3° de Bac-hat à Tuyen-quan (Rivière Claire) .... 90.

Total........ kilom. 320.

et dans une profondeur de six kilomètres sur

chaque rive, soit 6 × 2 × 320 = 3840 kilomètres carrés ou 384 mille hectares — on ne trouverait certes pas 100 mille hectares occupés par les indigènes.

Il reste donc 284 mille hectares disponibles pour le colon français, à six kilomètres au maximum d'un fleuve ou de deux grandes rivières sur lesquels les Messageries fluviales ont actuellement un service hebdomadaire de chaloupes.

Débouchés offerts aux produits des cultures industrielles au Tonkin

Nous verrons plus loin que la monoculture peut constituer un sérieux danger. Il ne parait pas moins utile, surtout au début de la colonisation de borner la plantation ou les ensemencements, à un nombre restreint de cultures industrielles, car tous les grands marchés ne nouent des relations sérieuses qu'avec le pays où la production des denrées est considérable et régulière. Tel pays qui produit en faible quantité, est fréquemment obligé de faire comprendre ses denrées sous une marque étrangère déjà connue, les importateurs d'Europe se refusant à la faire coter. Il en résulte une diminution notable dans les prix obtenus par les planteurs.

Nous trouverions la preuve de cette assertion en suivant, depuis l'origine, la production et la vente du tabac de Deli (Sumatra). Tant que la récolte ne s'éleva qu'à quelques milliers de balles, les prix étaient faibles, tandis qu'ils ne cessent de progresser, depuis que la production augmente d'une dizaine de milliers de balles par année.

D'un autre côté la marine marchande, si admirablement renseignée aujourd'hui, n'envoie ses navires que là où elle est assurée de leur trouver des chargements.

Lorsqu'il y a grande abondance de produits, il y a affluence de navires, ce qui amène une concurrence entre les chargeurs, d'où abaissement dans le taux du frêt.

Enfin, la création d'usines et de fabriques, établissements si profitables aux colons, ne saurait avoir lieu que si les agriculteurs garantissent de fournir la matière première nécessaire à leur fonctionnement.

Ce sont là, disons le en passant, les raisons pour lesquelles l'intérêt bien compris de chaque membre d'une colonie agricole lui commande de travailler à développer l'agriculture, à attirer de nouveaux colons, à faciliter leurs débuts, car il voit la valeur de ses terres et celle de ses produits augmenter au fur et à mesure que la population elle-même s'accroit.

Nos grandes cultures industrielles se diviseront naturellement en deux catégories : 1° Les denrées destinées à l'exportation sur France ; 2° Les denrées répondant aux besoins impérieux de la consommation au Tonkin et dans sa zone d'attraction commerciale.

Sur France, on expédiera le café, le thé, le poivre, le cacao, le tabac et le sucre de canne.

Le café pousse vigoureusement partout ici. Le thé couvre nombre de mamelons des environs de Phu-doan.

On trouve du poivre à l'état sauvage dans la même région.

Le tabac des collines du Song-chaï (affluent de la Rivière-Claire), a une magnifique couleur et ne demande, pour être parfait, qu'une judicieuse préparation.

Le cacao viendra dans nos gorges profondes et bien abritées.

Enfin, on sait ce que la canne, qui donne déjà de beaux rendements aux Annamites, bien que la variété soit pauvre ou dégénérée et la coupe trop hâtive, est susceptible de rendre, sous ce climat humide et sur le flanc de coteaux où l'on rencontre fréquemment jusqu'à un mètre de terre végétale.

Le tableau ci-dessous, emprunté aux documents officiels de l'administration des douanes françaises, indique la quantité et la valeur des six produits sus-énumérés importés en France en 1888.

Nature des Produits.	Nombre de kilos	Valeur en francs.
Café...........	66.969.246	138.627.359
Thé............	516.834	1.612.289
Poivre.........	2.299.496	4.869.042

Sucre brut de cannes	des colonies françaises	22.849.811	39.311.640
Cacao...........		12.278.691	22.347.218
Tabac en feuilles ou en côtes.....		14.392.834	14.392.834
Totaux........		288.330.040	243.049.960

Soit, en chiffres ronds 288 mille tonnes, représentant une valeur de 243 millions de fr., sur laquelle les colonies françaises n'auraient prélevé,sauf pour les sucres, qu'une très faible part.

Notre champ d'exportation en France sera donc très-vaste pour peu que nous nous attachions à soigner la qualité de nos produits.

Mais nous aurons pendant longtemps avantage à livrer aux marchés locaux, ainsi qu'à ceux de Hongkong, de Saigon ou du Japon, le coton et les huiles de graines de coton, de ricin, de sésame, d'arachides, etc.

Il est nécessaire d'entrer à ce sujet dans quelques développements.

Le coton.—Pour apprécier tout l'avenir réservé à cette culture, qui n'est nullement d'essai, puisqu'on la pratique déjà ici, comme en France celle de l'orge et de l'avoine, il est indispensable de se rendre compte des débouchés offerts aux cotons et aux cotonnades, tant au Tonkin que dans sa zone commerciale.

M. Dureau de Vaulcomte, rapporteur de la commission chargée d'examiner la convention annexe avec la Chine, signée par M. Constans le 26 juin 1887, comprend dans cette zone par la voie de terre seulement :

Provinces Chinoises	Population
Le Kwang-Tong.............	19.000.000
Le Cwang-Si................	7.300.000
Le Yunnam................	5.300.000
Le Kouetchan	5.600.000
Le Szetchuoen	35.000.000
Total.	72.200.000

Si nous ajoutons :

Le Laos	4.00.000
Le Tonkin	12.000.000

Nous trouvons une population de 88.200.000 habitants.

Or, nous avons vu, en traitant de la main-d'œuvre, qu'un bon coolie dans la région montagneuse, reçoit par an en vêtements :

2 blouses à 5 lig. 10 lig.

2 chemises à 2 — 4 —
4 pantalons 2 — 8 —
1 turban.... 3 — 3 —
1 ceinture... 3 — 3 —

= 28 ligatures à 0 frs 60 soit 16 f. 80 de tissus de coton

Le coolie, étant placé au dernier échelon de la hiérarchie sociale annamite, il est permis de supposer que les propriétaires en consomment au moins pour fr. 20, par tête et par an.

Mais, comme les enfants, si nombreux, n'ont qu'une toute petite blouse fréquemment coupée dans les vieux vêtements des parents, nous réduirons des 9, 10 la somme ci-dessus et arrêterons au chiffre de 2 frs. par an la consommation des Tonkinois, et à 3 frs. celle des Chinois et des Laotiens qui, en toutes choses, consomment plus que les Annamites.

On trouvera ainsi :

1° Tonkinois 12.000.000 de consommateurs à 2 frs....... 24.000.000

2° Chinois et Laotiens 76.000.000 de consommateurs à 3 frs.... 228.000.000

Total... frs. 252.000.000

Admettant que la production indigène actuelle soit chez ces populations, de la moitié de cette somme, ce qui n'est pas, il resterait encore à fournir pour 126 millions de francs de cotons et de cotonnades, somme très-susceptible d'accroissement au fur et à mesure que nous augmenterons le bien-être : au Tonkin, par l'amélioration des cultures indigènes, la suppression de la piraterie, et la création de plantations et d'industries qui serviront des salaires élevés; en Chine et au Laos, par l'ouverture de nouveaux débouchés facilitant les échanges.

Ajoutons qu'au Japon 12 usines se seraient fondées depuis quelques années pour la filature et le tissage des cotons, en vue de pourvoir à la consommation locale et d'exporter sur l'Amérique, et que 8 de ces établissements auraient dû cesser le travail, faute de matières premières.

Le coton peut donc tenir une place des plus importantes au Tonkin, sous le rapport des cultures et sous celui de l'industrie.

L'huile de ces graines pourra faire l'objet de grosses transactions, et le tourteau obtenu aprés leur pression est d'une grande richesse, soit comme fumure, soit comme nourriture des animaux d'engrais et des laitières.

Ricin — Cette plante est cultivée sur une vaste échelle au Tonkin et les indigènes utilisent son huile pour l'éclairage.

Le ricin vient si naturellement qu'il est fort difficile d'en débarasser un champ qui en a été ensemencé, car les capsules, qui s'ouvrent d'elles-mêmes à maturité, projettent au loin leurs graines et celles-ci se reproduisent sans culture.

Bien que la consommation de l'huile de ricin ne puisse atteindre le chiffre élevé de celle des cotonnades, les demandes sur place et sur les marchés de Hong-kong et de Saigon, déjà élevées, ne cesseront de s'accroitre.

L'huile de ricin est, en effet, classée aujourd'hui comme la première pour le graissage des machines à grande vitesse ; je tiens de source autorisée que la compagnie des Messageries Maritimes serait acheteur de dix tonnes de cette huile par mois pour ses seuls services de l'Extrême-Orient.

Par comparaison, si nous évaluons les besoins des Messageries fluviales, des Résidences, de la Douane, de la place de Hong-kong et de celle de Saigon, nous arriverons vite au chiffre de 500 tonnes d'huile par mois, 6000 tonnes par an, soit au cours actuel de 200 $ la tonne, 1.200.000 $

Le sésame et les arachides sont aussi très demandés. Toutes les oléagineuses et les cotons présentent l'immense avantage d'être des cultures à rendements rapides, permettant au planteur, non seulement de rentrer en quelques mois dans le capital avancé, mais encore de l'augmenter dans de notables proportions, lorsque les débouchés se présentent aussi avantageusement qu'ici.

Régime de la propriété

Un arrêté du Gouverneur général de l'Indo-Chine, en date du 5 septembre 1888, détermine les conditions dans lequelles des concessions de terrains ruraux peuvent être accordées aux Français, et l'ordonnance du roi d'Annam, du 1er octobre 1888, décrête que les citoyens et protégés français qui acquerront des biens sur le territoire du Tonkin et des ports ouverts de l'Annam, en auront, par le seul fait de l'acquisition régulière, l'entière propriété dans les conditions prévues par la loi française.

Enfin, l'arrêté du 30 décembre 1888, en promulguant les codes français au Tonkin a placé nos propriétés sous le régime du code civil.

Si nous résumons l'ensemble des conditions offertes par le Tonkin au colon nous trouvons : Un climat qui n'est pénible à supporter que pendant 4 mois correspondant à la morte saison pour les travaux culturaux.

Le sol est fertile et profond.

La main-d'œuvre indigène est abondante et on peut l'obtenir rendue sur les chantiers sans qu'elle ait occasionné aucune dépense préalable. Au cas où elle nous viendrait de Chine, les diverses dépenses à la charge du planteur ne s'élèveraient pas à plus de 15 piastres par coolie, et cela pour un contrat ferme de 3 années.

Le Tonkin est un des pays les mieux arrosés qui existent, et, en ne cherchant que sur les trois lignes de la Haute région, desservies une fois la semaine par les chaloupes fluviales, on peut trouver environ 280 mille hectares de terres, dans la profondeur de six kilomètres, sur chaque rive des deux rivières et du fleuve desservis.

Si les débouchés pour le café, le thé, le poivre, le cacao, le sucre et le tabac sont considérables vers la métropole, qui en a acheté en 1888 pour 243 millions de francs, ils le sont aussi sur place pour les oléagineuses et le coton, plantes à rendements rapides.

Enfin le colon peut devenir propriétaire à peu de frais, un franc l'hectare, sous réserve de la mise en valeur, dans un temps donné, et ses titres de propriété, sont garantis par les lois mêmes qui régissent la propriété française.

Voyons ce qui se passe dans les colonies étrangères voisines, à Bornéo, à Sumatra et dans toute la Malaisie où des centaines de millions de dollars sont affectés aux plantations :

Le travail se fait exclusivement à la main par des coolies presque tous chinois.

Pour chacun de ces coolies il faut que le planteur paye préalablement au travail :

1° Les frais de voyage de Chine à Singapore, Penang, Deli, Bornéo, etc ;

2° Les dépenses pendant le séjour au dépôt de Singapore ;

3° Le bénéfice de l'entremetteur ;

4° Les frais de voyage du dépôt à la plantation ;

5° Un mois de salaire d'avance ;

De sorte qu'avant d'avoir donné un coup de houe, chaque travailleur a occasionné une dépense moyenne de 80 piastres, plus de 300 francs.

En outre, dans la plupart de ces pays, les moyens de transport économique de la plantation au port le plus voisin faisant défaut, et les trajets étant souvent de plusieurs lieues, le planteur doit posséder le matériel nécessaire à la préparation marchande de ses produits afin de n'avoir à transporter que le plus faible poids.

Or, ces matériels sont coûteux. C'est ainsi que pour la canne à sucre, qui est encore la principale culture, le matériel d'une usine simple ne coûte pas moins de cent mille piastres — entrainant une dépense annuelle d'environ 22.000 $, se décomposant comme il suit :

1° Taux normal de l'argent 8 %.. $ 8.000

2° Pour amortissement du matériel en 10 ans.................. $ 10.000

3° Pour frais généraux, direction, manœuvre, entretien .... $ 4.000

Total......... $ 22.000

Le planteur se trouve donc enserré dans un cercle très étroit : D'une part, il lui faut un matériel pour traiter son sucre, d'autre part, il doit entretenir au moins 300 coolies afin de cultiver des cannes en quantité suffisante pour l'alimentation tout au moins principale de son usine.

Et voilà pourquoi ces immenses plantations montées à l'aide d'un capital atteignant toujours un million de francs, ayant pour chaque culture besoin d'un matériel spécial, sont toutes organisées pour la monoculture, c'est à dire pour le genre d'exploitation le plus hasardeux qui puisse être tenté.

Examinons, pour être édifiés, la répartition d'un capital de roulement de $ 250,000 dans une exploitation cultivant et traitant la canne et employant 300 coolies chinois :

(Culture de la canne: plantation, végétation, récolte, 20 mois.)

1° Achat des terres, prix nominal dans la Malaisie, 6 $ l'acre (40 ares), pour 2500 acres à 6 $. . . . . . 15.000 $.

2° Construction des bâtiments d'exploitation et d'habitation. 10.000 $.

3° Engagement de 300 coolies chinois à 80 $ l'un. . . . 24.000 $.

à reporter . . . . . . 49.000 $.

Report	49.000 $.
4e Salaires de 300 coolies à 8 $ par mois 2400 $ pendant 20 mois	48.000 $.
5o Solde des manager, assistant, mandors (directeurs, surveillants Européens, doïs et caïs coolies) 800 $. par mois pendant 20 mois.	16.000 $.
6o Matériel d'usine.	100.000 $.
7o Matériel roulant : 60 charrettes à 30 $, 1800 $ 20 bœufs, à 20 $; 2400 $	4.200 $.
Soit un total de.	217.200 $.

Et combien de dépenses imprévues surviennent chaque jour !

Or, qu'une sécheresse prolongée, un ouragan, un incendie ou l'une des nombreuses affections qui atteignent la canne vienne à se produire, que l'Europe, voulant protéger sa fabrication de sucre de betterave, élève les droits d'entrée sur le sucre de canne, c'est, à brève échéance, la faillite pour une société, la ruine pour un planteur.

Et sans vouloir prendre nos exemples dans les contrées équatoriales ou intertropicales, n'avons-nous pas vu, en France même, le phylloxéra ruinant la moitié de nos départements parce qu'on s'y livrait exclusivement à la viticulture, tandis que nos fermiers du Nord, de l'Est et de la Normandie résistaient aux pertes éprouvées sur leurs céréales de 1875 à

1880, grâce à la diversité de leurs productions?

Il faut donc se pénétrer de cette vérité : *La monoculture est un mal rendu quelquefois nécessaire par l'absence de moyens de transport ou de toutes autres causes locales, mais il faut l'éviter soigneusement chaque fois que les circonstances le permettent.*

Le Tonkin, nous l'avons vu, est très heureusement placé dans ce dernier cas.

De grandes surfaces, disponibles pour l'Européen, sont situées à proximité des voies navigables aux chaloupes.

Ces cours d'eau descendent vers le Delta, c'est-à-dire vers les ports d'embarquement.

Dans ces conditions il sera possible de fonder dans les centres principaux des usines centrales lesquelles, munies d'un outillage complet et très perfectionné, recevront, pour les traiter en vue de l'exportation, tous les produits des plantations, canne à sucre, café non décortiqué, coton non égréné, graines de ricin, d'arachides, de sésame ; thé, etc. obtenus sur un parcours de 3 ou 4 heures de chaloupe.

Le café, après avoir été dépouillé de ses diverses enveloppes et séché, sera trié par qualités et vendu en conséquence.

On pourra épurer les huiles de graines d'arachides, de sésame, de ricin, de coton et les présenter directement sur les marchés de l'Extrême-Orient où la consommation est si considérable.

Au lieu d'expédier sur l'Europe le tabac en

balles, comme le font les planteurs de Deli, les usines centrales pourront en traiter une grande partie par les procédés les plus perfectionnés et le convertir comme à Manille, comme à la Havane, en cigares et en cigarettes.

Le coton filé et tissé sera obtenu à un prix de revient tel, que nous pourrons le livrer aux meilleures conditions dans la zone de pénétration commerciale du Tonkin.

En résumé, grâce à la main-d'œuvre abondante, habile et peu coûteuse, grâce aux nombreuses voies fluviales qui permettront d'installer au Tonkin des usines centrales à travail continu, les colons seront en mesure d'éviter les lourdes charges imposées aux planteurs des pays voisins, ce qui, sans diminuer leur profit, les garantira de la ruine que l'avilissement des prix d'une denrée pourrait leur causer.

Divisant leurs cultures, ils pourront employer durant l'année entière le même personnel, le fixer à leur sol, et obtenir de lui, sans frais, une garantie de stabilité, un dévouement, sur lesquels on ne saurait compter lorsque la main d'œuvre est étrangère.

N'ayant plus le souci absorbant de la préparation des produits, ils se consacreront entiérement à la direction de leurs travaux avec l'aide de surveillants indigènes ou ils y prendront part matériellement, selon le cas, en évitant le coûteux emploi des surveillants européens.

Enfin, l'usine qui est presque toujours la propriété d'une société importante disposant de gros capitaux remplira, le cas échéant, près du colon, office de banquier, soit qu'elle lui fasse les avances nécessaires pour les derniers travaux de la récolte, soit qu'elle lui achète les récoltes sur pied.

Organisation de la colonisation agricole et recrutement des colons.

Etant données les conditions énoncées d'autre part, plusieurs systèmes peuvent être simultanément ou successivement employés pour assurer, d'une façon rationnelle et très-progressive, la colonisation agricole du Tonkin.

Ce sont : 1° la création, avec le concours pécuniaire du Protectorat, de centres agricoles formés de petits fermiers recrutés parmi les militaires, sous-officiers, caporaux ou soldats rapatriables, et parmi ceux ayant déjà servi dans le Protectorat.

2° La colonisation par de très-grandes sociétés auxquelles seraient concédés des avantages spéciaux, sous réserve de certaines obligations, telles que la création d'un nombre déterminé de centres agricoles, à l'aide des éléments qui viennent d'être indiqués, et dans des conditions bien définies.

3° La colonisation ordinaire, telle qu'elle s'est pratiquée depuis l'arrêté du 5 septembre 1888.

Création de centres agricoles à l'aide de petits fermiers

Dans tous les pays où l'on a tenté avec succès et d'une façon officielle, depuis un demi siècle, la colonisation agricole européenne: Australie, Etats-Unis, République-Argentine, Mexique, etc, les gouvernements ont consenti à cet effet les plus gros sacrifices.

Ces sacrifices leur étaient permis. Un fonds de colonisation, alimenté pour la majeure partie par le produit de la vente des terres, les supportait. M. Leroy-Beaulieu nous apprend que dans une seule période décennale ce produit avait atteint 12 millions de francs, pour le seul Gouvernement de Victoria (Australie).

Si nous n'avons pas des ressources de cette nature en argent, nous n'avons pas non plus à prévoir d'aussi lourdes charges. Dans tous ces pays, il fallait attirer le colon et la main-d'œuvre; ici nous avons sur place une main-d'œuvre abondante et nous n'avons qu'à attirer le colon riche ; quant au colon ordinaire, il nous suffit de le retenir.

En effet, chaque année plus de 4000 hommes de troupe ayant terminé leur séjour colonial en Indo-Chine sont rapatriés.

Il en est, sur ce nombre plus d'un millier qui resteront de longs mois à la charge de leur famille, après la libération, cherchant des occupations, trouvant toutes les places encombrées, diminuant ainsi la richesse nationale au lieu de l'augmenter par un travail quelconque.

Ils connaissent cet état de choses par leur famille et par leurs camarades, aussi bon nombre font-ils des tentatives pour se créer ici une situation en rapport avec leurs aptitudes.

Il est, en France au moins 60.000 hommes rapatriés depuis le commencement de la campagne. Ces hommes connaissent le Tonkin et je mets en fait qu'il n'en est pas un seul de ceux ayant des connaissances agricoles qui n'ait admiré la merveilleuse fécondité de ce sol.

Mais pour qu'une telle organisation réussisse, il convient de répondre avant tout à cette question:

Peut-on travailler au Tonkin ?

Une importante fraction des groupes s'occupant des questions coloniales en France, et, il faut bien le reconnaître, la majeure partie des Européens ayant vécu au Tonkin, y répondent par la négative.

Mais nous sommes nombreux bien convaincus de ce qu'entre :

5 h. 1/2 et 10 h. du matin
2 h. et 6 h. 30 du soir } du 1er octobre au 15 avril

4h.1/2 ou 5h. et 8h.30 du m.
3 h. et 7. heures du soir } pendant le reste de l'année

l'Européen peut s'adonner ici aux travaux agricoles suivants : *labours*, *hersages*, *ensemencements*, *charrois* en se faisant aider par des domestiques indigènes pour les autres travaux.

Nous avons à Hanoi et à Haiphong, un certain nombre d'ouvriers français, charrons, menuisiers, maréchaux, forgerons, s'adonnant depuis plusieurs années aux rudes travaux de leur profession et qui sont en excellente santé.

Les Européens qui se sont livrés à la construction de la voie ferrée de Lang-son, dans cette partie si mal renommée du Tonkin, ont admirablement supporté les rigueurs du dernier été, tout en satisfaisant aux exigences d'un travail actif, souvent violent sur les chantiers.

Ces exemples, ne pouvant être nombreux ni bien concluants puisque nous débutons, ne sauraient convaincre les adversaires du travail manuel de l'Européen au Tonkin.

Voyons donc comment l'on procède au Brésil, pays qui offre tant de rapprochements avec le nôtre au point de vue du climat et des cultures que nous nous proposons de tenter.

(Les indications suivantes sont puisées dans un volumineux rapport de M. le Comte Amelot, Ministre plénipotentiaire de France au Brésil, à M. le Ministre des affaires Etrangères, en date d'avril 1888).

« L'étude de la situation agricole du Brésil of-
« fre un intérêt particulier à l'époque présente.
« Le grand problème de la substitution du bras
« libre au bras servile, posé depuis quelques
« années se résoud en ce moment sous nos yeux.

« En 1884, la province de St-Paul résolut de
« demander à l'immigration européenne les bras

« qui lui faisaient défaut; le courant de l'immi-
« gration qui se voyait bien accueilli, augmenta
« progressivement.

« En 1887, la province a introduit plus de
« 34.000 travailleurs européens, presque tous de
« nationalité italienne, et dont la majeure par-
« tie s'est employée aux travaux de l'agricul-
« ture. Ce nombre sera triplé en 1888........

« Il n'y a pas longtemps qu'un des sophismes
« des partisans de l'esclavage était que la culture
« du café était impossible aux blancs, aux Euro-
« péens surtout; comme pour la canne à sucre,
« l'expérience a victorieusement répondu à cette
« assertion.

« La province de San-Paulo compte actuelle-
« ment des dizaines de milliers d'immigrants
« italiens, employés sur les plantations de café, et
« il résulte d'une étude consciencieuse publiée il
« y a quelques mois dans un journal de la même
« province, qu'une plantation, dont la récolte
« est de 70,000 arrobes, (105.000 kilos) vendue
« 1 franc le kilo, prix moyen, donne un béné-
« fice net de 73.000 fr. si elle est entretenue par
« des bras libres.

Il serait impossible d'atteindre ce chiffre avec des esclaves.

Les modes de rétribution des immigrants par les planteurs Brésiliens sont fort pratiques, en ce sens qu'ils associent l'ouvrier aux travaux de la plantation, ce qui l'incite à soigner son travail.

« Dans la province de San-Paulo, le système « généralement suivi pour les ouvriers agrico- « les, dont la plupart sont des ouvriers ita- « liens, comme nous l'avons déjà dit, est le sui- « vant :

« Le planteur fournit à l'immigrant une « maison, un pâturage pouvant nourrir deux « bêtes de somme et un terrain pour la culture « des céréales et des légumes.

« Le travailleur reçoit en même temps un « livret où lui sont débitées toutes les avances « qui lui sont faites en provisions diverses.

« Les provisions consistent en haricots, fa- « rine de maïs, lard et viande de porc ; viande « de bœuf, riz, sucre, café, sel, et huile de pé- « trole, sans compter les innombrables espèces « de poissons qui entrent dans l'alimentation « des riverains.

« On avance de plus à l'immigrant l'argent « nécessaire à l'achat d'un cheval et d'une va- « che. L'immigrant et sa famille commen- « cent alors leur travail. On le paye géné- « ralement 500 réis (1 fr. 25) par chaque me- « sure de 50 litres de café cueilli, à charge « par lui d'entretenir les caféiers.

« Quelques planteurs préfèrent payer 300 « réis (75 centimes) par 50 litres de fruits « cueillis et 50 milréis (125 francs) pour l'en- « tretien de 1000 arbustes. D'autres traitent « sur les bases suivantes : L'immigrant se « charge de planter les caféiers et de les entre-

« tenir moyennant une rétribution de 400 à
« 500 réis (1 fr à 1 fr 25) par pied de café
« lorsque les arbustes ont atteint l'âge de 4
« ans (Bulletin officiel du ministère de l'Agri-
» cuture nos 2 et 3 de 1889.)

Sous l'influence de la main-d'œuvre européenne et des facilités de rétribution qu'elle offre aux planteurs, la plantation s'est developpée dans des proportions inouies.

C'est ainsi, toujours d'après le même rapport que les trois provinces centrales du Brésil. situées entre le 21me et le 24me degré de latitude sud, comptaient un billion de pieds de café en juin 1888, en augmentation de neuf millions de pieds pendant le dernier semestre. (1)

Les plantations de canne, de tabac, de cacao subissent également, du fait de la main-d'œuvre Européenne, une progression qui, pour être moins ascendante que celle du café, n'en est pas moins très-sensible.

Enfin, les ouvriers agricoles montent déjà à l'assaut de la propriété. Dans certaines parties du Brésil on commence à permettre l'accession de la propriété à l'immigrant. — « Plusieurs

(1) La production étant évaluée très-faiblement au Brésil à raison de 500 gr. par pied, on arrivera d'ici deux ou trois ans à une production annuelle et fabuleuse de 500 millions de kilos de café, 500 mille tonnes !

Il y a là pour notre jeune colonie un enseignement que nous ne devons pas perdre. Il confirme le danger de la monoculture indiqué plus haut. Ce danger était déjà reconnu au Brésil en 1888 ; on prenait des dispositions en conséquence.

« planteurs du Para et du Rio-Grande-do-Sul ont « dernièrement multiplié et parfois décuplé la « valeur de leurs terrains en les divisant en lot « et en les vendant aux immigrants. Mais ce sys- « tème n'est encore qu'une exception, le jour où « il sera généralement adopté marquera le point « de départ d'un grand progrès (Rapport cité).

En résumé, de tout ce qui précède il ressort, qu'autrefois au Brésil, comme aujourd'hui au Tonkin, on a cru que les travaux culturaux n'étaient pas possibles aux Européens ; qu'à l'heure actuelle, l'ouvrier agricole Européen, (Italiens et Allemands) a fait ses preuves d'endurance au travail manuel au Brésil, principalement dans les provinces situées entre le 21me et le 24me degré de latitude sud ; qu'enfin, dès 1887, il cherchait à créer la petite propriété au Brésil.

Dans ces conditions, il n'y aurait pas de raisons pour que les ouvriers agricoles français et les fils de fermiers, quelque différence que l'on fasse entre eux, les Italiens et les Allemands, ne puissent résister au climat du Tonkin, pays situé entre le 20me et le 23 me degré de latitude Nord.

A plus forte raison seront-ils en mesure de se livrer à certains travaux exigeant plus de connaissances pratiques que de force, tels que les labours ordinaires, et excitant leur émulation, puisqu'il s'agira de les effectuer sur une propriété leur appartenant.

Projet d'organisation des Centres Agricoles avec le concours pécuniaire du Protectorat.

Chaque militaire, sous-officier, caporal et soldat, ayant accompli la durée de son service colonial en Indo-Chine, dont la conduite n'aurait rien laissé à désirer, et qui serait reconnu apte aux travaux agricoles après certaines épreuves d'agriculture pratique, pourrait recevoir gratuitement une concession dépendant d'un centre agricole.

Ces centres seraient formés de la réunion de 20 concessions de 30 hectares chacune.

Il pourrait être consenti à chaque concessionnaire qui en ferait la demande, une avance, tant en argent qu'en nature, de mille piastres, se décomposant comme suit :

Constructions	300 $
Ration militaire pendant 1 an à 1 fr. 20 par jour, 438 frs. soit............	119 $
4 buffles à 25 $ l'un	100 $
6 truies et un verrat...............	45 $
1 charrue, une herse françaises et divers instruments annamites.......	70 $
Semences et plants nécessaires......	75 $
Réserve en argent pour le payement des coolies et divers	300 $
	1.000 $

Ces avances seraient faites au taux de 8% l'an.

Elles devraient être remboursées à partir de la 2me et entièrement à la fin de la 5me année, sauf les cas de force majeure.

Le montant d'un prêt à un même colon ne saurait dépasser 1000 $. Avec un fonds de secours on leur viendrait en aide en cas de désastre.

Aperçu de la Marche des Travaux dans une exploitation de l'espèce

Il est admis que ces colons travaillent comme nos cutivateurs en France et que chacun a, pour l'aider, au moins 5 coolies.

Les coolies coupent les herbes, enlèvent à la houe les plus grosses racines et le colon passe la charrue partout où faire se peut.

En France, un bon ouvrier laboure de 25 à 30 ares dans sa journée. N'en admettant que 12 à 15 pour le 1er labour, on voit que dans six ou sept mois il pourrait défricher la majeure partie de sa concession, et en ensemençant au fur et à mesure, selon la saison, en coton, ricin, canne à sucre, sésame, tabac il aurait une première récolte dans l'année.

Pendant ce temps, la porcherie s'augmenterait par le croit.

En 2me année, les défrichements presque terminés, les récoltes plus importantes, et les produits de la porcherie lui laisseraient quelques bénéfices.

Ceux-ci commenceraient à partir de la 3me année à être très-importants, et au bout de dix ans notre colon aurait certainement acquis, si non une grosse fortune, du moins une large aisance.

Avances nécessaires

Un million de piastres par millier de Français ainsi installés, soit par 50 centres formés.

Avantages résultant de la création de ces centres.

En affectant tout d'abord aux centres agricoles les immenses terrains disponibles le long des principales voies fluviales, on assurerait à jamais la sécurité du batelage sur ces voies.

Pénétrant peu à peu dans l'intérieur, par une prise de possession successive de zones ayant des centres de population si rapprochés, on n'aurait plus aucune crainte de voir ces centres dévastés un jour ou l'autre parles pirates chinois ou annamites, qui ne seraient jamais en force pour franchir ces multiples postes de colons bien armés et exercés pendant deux années à prendre contact avec les bandes.

Ce seraient, si l'on veut, des sortes de goums français, dont les membres, possesseurs du sol, le défendraient avec toute l'énergie dont un homme sait user pour défendre son bien.

On pourrait réduire très sérieusement les troupes du corps d'occupation sans diminuer la défense car:

A — on aurait sur les points occupés, on en rencontrerait un tous les six kilomètres carrés, un centre défendu par 20 fusils Européens, alors qu'à l'heure actuelle nos postes sont tous distants de plus de 20 kilomètres les uns des autres.

B — l'article 81 § 7 de la loi sur le recrutement de l'armée, disposant que les colons jusqu'à 45 ans sont mobilisables pour être incorporés, le cas échéant, dans le corps d'occupation, lors d'un conflit quelconque menaçant le Protectorat on trouverait là immédiatement une réserve d'autant plus précieuse que nous sommes plus éloignés de la métropole.

C — une économie annuelle d'au moins 800 mille francs pourrait être obtenue, en calculant la diminution, *par 50 centres*, de l'effectif entretenu à raison de un soldat par deux de ces colons soit :

1° Economie pour le non-rapatriement de 1000 colons, à raison de 200 frs. par homme 200.000 frs.
2° Economie annuelle d'entretien de 500 hommes, effectif diminué à 1200 frs. l'un 600.000 frs.

Total...... 800.000 frs.

Les 20 ou 25 mille hectares, mis en valeur par mille colons, fourniraient au Protectorat des revenus importants tirés de l'industrialisation des produits, des droits de navigation, d'exportation et de maints autres, que cette valeur initiale de 20 à 25 millions de francs, *lancée* dans la circulation et représentant déjà 30 à 35 millions avant sa sortie du Protectorat, ferait naître.

Tout compte fait, et même en supposant que le million de piastres engagé pour l'installation de mille colons soit sacrifié (et son remboursement par annuités est prévu) le Protectorat aurait donc intérêt à tenter au moins un essai du genre.

Mais comme la colonisation officielle entraînerait la création d'un service compliqué pour la constitution des centres, pour l'avance des fonds, pour la surveillance de leur emploi; que d'un autre côté l'administration est tenue de se renfermer dans des régles générales qu'elle ne saurait modifier pour chaque cas particulier, ce qui serait souvent utile ; enfin qu'elle aurait à entrer dans une série de détails beaucoup plus du ressort d'une société privée que du sien, il serait préférable que le Gouvernement, se réservant pour la protection et pour les encouragements, confiât l'exécution du projet à de grandes sociétés françaises de plantation.

Les grandes Sociétés Coloniales

La colonisation au moyen de grandes sociétés, mise en pratique par la France dès l'origine du mouvement colonial il y a trois siècles, adoptée ensuite par l'Angleterre et par les Pays-Bas, tout récemment par l'Allemagne, rencontre aujourd'hui de nombreux partisans dans notre métropole.

Cela s'explique — L'esprit d'association, sous forme de sociétés coopératives, de syndicats, de sociétés anonymes, se développe de plus en plus en France.

On ne saurait nier d'autre part que l'étude des questions coloniales n'ait fait des progrés très sensibles depuis quelques années, et que la colonisation ne gagne de nombreux adhérents chaque jour.

Or, la formation de grandes sociétés coloniales, c'est la possibilité donnée à tous ceux qui ne peuvent agir individuellement, qui ne peuvent non plus être colons, de s'associer à l'œuvre coloniale et de prendre leur part des revenus qu'elle procure.

Quel moyen plus admirable de nous créer des partisans sérieux, convaincus !

On dit : « L'Angleterre est une nation colonisatrice. Les grandes et nombreuses sociétés qu'elle a semées de par le monde sont certainement pour beaucoup dans ce mouvement.

Comment ne pas avoir confiance, ne pas être attiré vers un pays qui permet à la société, dont on est actionnaire, de distribuer un dividende de 8, 10 et 15 % ! — D'un autre côté, les administrateurs de la société en Angleterre, et leurs nombreux agents au siège de l'exploitation sont là pour renseigner d'une façon exacte leurs actionnaires sur le pays exploité et si ceux-ci veulent y aller tenter fortune ils savent qu'ils n'y seront pas isolés et ils partent avec des indications précises sur l'avenir qui leur est réservé.

Il ne nous est pas permis de douter de ce que les colons ne pouvant travailler par eux mêmes, désireux de fonder une exploitation importante et disposant à cet effet d'un premier capital de 40 à 50 mille francs, le minimum nécessaire, seront longtemps encore, bien peu nombreux au Tonkin.

S'ils y viennent sans que l'on soit organisé pour la colonisation par centres, ils seront contraints, comme je l'ai été, de se mettre à l'abri d'un poste.

Les récents événements de Ben-chau et de Phu-dai témoignent de ce que l'on ne pourrait agir autrement qu'en faisant preuve d'une dangereuse témérité.

Le groupement n'est, en effet, plus possible pour des colons exploitant chacun plusieurs centaines d'hectares. En cas d'attaque, chacun ne pourrait donc compter que sur soi et les siens, cela peut ne pas être suffisant, tout au moins pour les récoltes sur pied, pour les plantations et même pour les bâtiments d'exploitation que l'on ne saurait soustraire aux déprédations des pirates.

La formation des grandes sociétés de plantation au capital élevé, agissant sur plusieurs centaines de mille hectares, s'impose donc.

Mais, en présence du grand intérêt qu'il y aurait pour le protectorat à avoir au Tonkin, tant pour l'achèvement de la pacification que, pour la défense en cas de conflit extérieur, beaucoup de petits propriétaires, au lieu et place de plantations immenses n'exigeant que quelques agents européens pour la direction, il semble que l'on pourrait sans peine concilier tous les intérêts de la façon suivante :

La société installerait les centres agricoles dans les conditions indiquées plus haut pour le cas où le Protectorat se chargerait directement de cette mission, c'est à dire que le colon serait propriétaire de sa concession, sous réserve de la mise en valeur, et qu'il rembourserait par annuités les avances qu'on lui aurait consenties avec un intérêt de 8 %

La société devrait installer, par cent mille hectares, deux mille concessionnaires, à raison de 30 hectares par lot, soit cent groupements de vingt colons.

Elle aurait comme avantages spéciaux :

1° par cent mille hectares, 40.000 hectares concédés gratuitement sous réserve d'une mise en valeur dans un temps déterminé.

2° La propriété des mines de toute nature existant sur les cent mille hectares, sauf les mines concédées et les gîtes d'alluvion, qui appartiennent de droit au propriétaire du sol, en vertu de l'article 39 du réglement sur les mines en Indo-Chine et sous réserve de les mettre en exploitation dans les délais, et d'acquitter les droit prévus par le décret du 16 octobre 1888.

Avec les économies réalisées sur la diminution des effectifs militaires et sur les frais de répression de la piraterie, le gouvernement du

Protectorat pourrait encourager largement la colonisation :

1° En mettant des plants et des graines des meilleures provenances à la disposition des colons.

2° En créant des haras et en important des reproducteurs mâles pour l'amélioration, par le croisement, des espéces bovine et porcine, ainsi qu'un certain nombre de lots de moutons.

3° En créant des séries de récompenses distribuées dans les concours pour chacune des plantes industrielles on autres que l'on aurait intérêt à développer ; des primes pour l'élevage et des prix pour la bonne tenue des exploitations.

4° En ouvrant dans chaque poste français des cours de labours afin de préparer les futurs colons aux travaux de leur future propriété.

5° En encourageant les publications agricoles spéciales à ce pays ainsi que l'enseignement agricole sous toutes ses formes.

Par ces efforts soutenus et avec le concours de puissantes sociétés de colonisation, on arriverait en quelques années à avoir une dizaine de milliers de petits colons exploitant 300 mille hectares, en même temps que les sociétés en exploiteraient directement 200.000, soit 500 mille hectares, sans compter les surfaces mises en valeur par les autres colons.

Cinq cent mille hectares ! c'est à peine la 20me partie des terres disponibles ici, et pourtant si l'on considère que ces terres fertiles peuvent fournir un rendement annuel de mille francs brut à l'hectare, c'est une valeur initiale de 500 millions de francs de denrées et de matières premières qui serait ainsi créée en dehors de la production indigène, de l'exploitation des forêts et des mines.

Quel mouvement d'affaires! quelle activité sur les fleuves et dans les ports! que d'usines et de fabriques installées! que d'ouvriers occupés! que pourrait la piraterie, quelles ne seraient pas les ressources budgétaires du Protectorat!

Non-seulement nos colons peuvent disposer d'immenses territoires au Tonkin, mais encore en Annam, dans les parties hautes de la Cochinchine, du Cambodge et au Laos, dont les conditions, sous le rapport de la fertilité du sol, des productions, des moyens de communication et des débouchés correspondent à celles que nous avons énumérées pour le Tonkin.

La France possède donc bien à nouveau un immense empire des Indes. S'il nous a beaucoup coûté à acquérir, sa mise en valeur, qui peut être rapide, nous dédommagera de ces sacrifices.

Mais, hâtons-nous, et surtout détruisons cette erreur trop répandue que l'Indo-Chine étant une contrée où les Européens ne sauraient vivre, nous devons nous contenter d'en faire une colonie d'exportation, c'est à dire une colonie commerciale.

Il n'y a pas de colonies commerciales, car les besoins d'un peuple jusqu'alors replié sur lui-même, sans communications extérieures, celui de l'Indo-Chine ne fait pas exception, sont toujours fort limités, s'il n'existe pas à côté de lui une fraction notable de planteurs Européens, engageant par leurs exemples l'agriculteur indigène à se créer des revenus plus importants par la production de riches denrées et servant des salaires élevés à des milliers d'ouvriers : Il faut d'abord permettre l'achat, la faculté de consommation vient tout naturellement ensuite.

En France, où l'on voyage si peu, on prend volontiers les marchés pour la colonie.

On confond Colombo avec Ceylan ; Singapore avec la Malaisie ; Rio de Janeiro avec le Brésil ; Sydney et Melbourne avec l'Australie, en ce sens que l'on analyse le mouvement des ports, l'importance des affaires traitées dans chacun d'eux et l'on s'écrie : « Voilà ce qu'il nous faut. »

Mais on oublie que ces ports, ces immenses marchés, vivent surtout de l'agriculture, plantation ou élevage, qui se pratique autour d'eux dans un rayon de quelques centaines de lieues.

Si on ouvrait les journaux locaux, on les verrait remplis d'indications concernant les cultures. Banquiers, armateurs, commerçants à tous les titres y sont intéressés et suivent les phases de la végétation avec presqu'autant de sollicitude que les planteurs eux-mêmes, car leurs affaires seront en raison directe des rendements culturaux puisque, à part les mines, c'est la ferme et la plantation qui créent les richesses et qui les lancent dans la circulation.

Donc, attirons ici le colon et les capitaux français. Faisons en sorte qu'ils mettent en valeur 100.000, 200.000, 300.000, hectares de terres, nous serons assurés d'augmenter notre mouvement d'exportation de 100,200,300, millions de francs, et ce jour-là, il y aura beaucoup de chances pour que, continuant à confondre le marché avec la colonie, nos chers compatriotes parlent beaucoup d'Haiphong et de Tourane, et très-peu du Tonkin.

EUGÈNE DUCHEMIN.

www.ingramcontent.com/pod-product-compliance
Ingram Content Group UK Ltd.
Pitfield, Milton Keynes, MK11 3LW, UK
UKHW022132190726
13855UKWH00003B/1108

9 782012 995765